Les Petites Pommes du Savoir

Les Petites Pommes du Savoir

n°1. *Le Temps existe-t-il ?* Étienne Klein
n°2. *Cloner est-il immoral ?* Laurent Degos
n°3. *Pourquoi la mer est-elle bleue ?* Pierre Laszlo
n°4. *Peut-on guérir le cancer avec des OGM ?* Louis-Marie Houdebine
n°5. *Le Climat est-il devenu fou ?* Robert Sadourny
n°6. *Dopés, victimes ou coupables ?* Françoise Siri
n°7. *Peut-on croire les sondages ?* Gilles Dowek
n°8. *La Radioactivité est-elle réellement dangereuse ?* Jean-Marc Cavedon
n°9. *En amour, sommes-nous des bêtes ?* Michel Serres
n°10. *Algues, lapins, termites… Quelles espèces nous menacent ?* Michel Lamy
n°11. *Quel avenir pour le développement durable ?* Dominique Bourg
n°12. *Voulez-vous jouer avec les maths ?* Gilles Dowek
n°13. *Peut-on boire l'eau du robinet ?* Pierre Laszlo
n°14. *Peut-on voyager dans le temps ?* Gabriel Chardin
n°15. *Pourquoi le Soleil brille-t-il ?* Alain Bouquet
n°16. *Faut-il légaliser l'euthanasie ?* Michel Hautecouverture

… et voir page 64.

Pierre Laszlo

Les ODEURS nous parlent-elles ?

Les Petites Pommes du Savoir

Éditions
Le Pommier

Pour Tom (Eisner) et Jerry (Meinwald)
explorateurs de la communication chimique,
savants déchiffreurs
des messages qu'elle ourdit,
en admirative amitié.

Chaque terme-clé du sujet est défini dans le texte. Indiqué en gras, il est accompagné d'une dans la marge.

édition : Juliette Thomas
conception graphique :
Atelier Daniel Leprince
relecture : Valérie Gautheron

2.74650117.1

Doukipudonktan ?

Transcription du français tel qu'il se parle, cette exclamation de Zazie – le tout premier mot de *Zazie dans le métro* – se réfère à l'odorat, sujet de ce livre. Zazie se plaint de l'odeur de son oncle, Gabriel Turandot. Tout ce petit livre sera explicitation de l'expression inaugurale du roman de Raymond Queneau.

Posons-nous d'autres questions « zaziesques ». Qu'est-ce qu'une odeur ? D'où nous vient la distinction entre bonnes et mauvaises odeurs, ou puanteurs ? En quoi l'olfaction se différencie-t-elle d'autres perceptions sensorielles, telles que la vue ou l'ouïe ? L'odorat détecte, nous le verrons, de minuscules quantités de produits chimiques présents dans l'air. N'est-il, chez l'immense majorité des organismes, qu'un cas particulier d'une forme de communication, par émission-réception de signaux chimiques ? Si tel est le cas, si l'olfaction est une forme de communication chimique, relève-t-elle d'un code, ou est-ce un langage ? Question voisine : quel rapport la perception des odeurs entretient-elle avec la langue usuelle ? Avec la **cognition**, c'est-à-dire la compréhension que l'esprit se donne de notre environnement ? Avec la culture ? Sans oublier la question initiale : « Doukipudonktan ? » !

Autant de vastes questions, soulevées par cette fameuse exclamation, auxquelles apporter un début de réponse. La science de l'olfaction est jeune. Ce petit livre, qui se situe à la frontière des savoirs actuels, tente de faire le point sur les recherches les plus récentes.

Traits distinctifs de l'odorat

Sa *sensibilité* varie suivant les espèces (un chien perçoit des odeurs qui nous laissent insensibles), et suivant les individus. En tout état de cause, elle est grande : de même qu'il suffit de quelques grains de lumière (ou photons) pour impressionner la rétine, dans les meilleurs des cas (le chien, à nouveau), le nez peut détecter quelques grains de matière (ou **molécules**).

L'olfaction partage avec la vue l'aptitude à la *discrimination* : de même que nous contrastons, par exemple dans le jeu des sept erreurs, deux images pourtant très voisines, nous sommes capables de distinguer des paires d'odeurs similaires : celles qu'exhalent une infusion de camomille ou de tilleul, une fleur de glycine ou de chèvrefeuille, un vin de Bordeaux ou de Bourgueuil.

Ce dernier cas montre une autre caractéristique de l'olfaction : elle est *analytique*, comme l'audition, à la suite d'un apprentissage. Si le bourgueuil fleure la violette, nous pouvons apprendre à reconnaître et à identifier cette composante dans l'arôme du vin.

Cependant, il ne faudrait pas conclure hâtivement à une trop exclusive ressemblance avec l'audition. L'olfaction se rapproche tout autant de la vue, avec laquelle elle partage un aspect *synthétique*. L'œil intégre des touches de couleur proches les unes des autres et s'en donne une vue d'ensemble (ainsi devant les toiles des impressionnistes). L'odorat perçoit une odeur d'ensemble et si, comme nous venons de le voir, il s'y est éduqué, des composantes de cette odeur. Ainsi, lorsque nous humons un parfum, que ce soit celui du muguet ou le N° 5 de Chanel, le ressentons-nous comme un tout, même si nous sommes capables d'y détecter telle ou telle note individuelle.

De même que l'œil ou l'oreille, le nez assure la *mise en mémoire* de ses perceptions. Nous avons, nous chérissons ou abhorrons des souvenirs d'odeurs et de parfums.

Mentionner ceux-là, c'est aussi souligner l'aspect *hédoniste* de l'olfaction : ce qui sent bon donne du plaisir, et l'on peut vouloir chercher à souvent renouveler une sensation aussi agréable. Ainsi l'aromathérapie propose-t-elle un bien-être par inhalation d'odeurs florales plaisantes, parfois même apaisantes.

À l'inverse, nous avons une *aversion* – fortement liée à l'alimentation – à l'égard des mauvaises odeurs, qui dégoûtent ; sans doute un trait sélectionné par l'évolution darwinienne pour notre survie face à une nourriture avariée. Rappelons au passage que le nez est sensible tant aux odeurs qu'il hume qu'à celles qui lui parviennent de la bouche : les saveurs sont aussi, pour une part importante, des odeurs.

Une dernière caractéristique de l'odorat est sa *saturation* : au bout d'un moment, même en présence d'une odeur forte, nous ne la sentons plus. Nos récepteurs, dans le nez, se déconnectent d'avec le cerveau, auquel ils n'envoient plus d'information. C'est la raison pour laquelle les Tastevins se rincent la bouche à l'eau entre deux dégustations, afin de rafraîchir leurs cellules, tant olfactives que gustatives.

L'odeur d'un lieu

Les lieux géographiques ont parfois des odeurs mémorables. Marcel Proust écrivit là-dessus des pages célèbres. Une hypothèse explicatrice serait que nos ancêtres, chasseurs-cueilleurs du paléolithique, se guidaient sur les senteurs pour retrouver leur abri.

Il faudrait dresser une cartographie des odeurs. Certes, les agences de tourisme s'y emploient dans leurs brochures, l'exotisme des parfums venant rehausser celui des cartes postales. Mais il nous manque des données plus fines : une forêt a-t-elle la même senteur en Bretagne, en Chartreuse ou en Haute-Savoie ? Je ne pense pas.

J'en causai récemment avec un ami français qui vit en Asie. Il me disait, justement, sa nostalgie de l'odeur des sous-bois en France, en automne ; celle de l'odeur du sable chaud, qu'immortalisa Édith Piaf ; celle aussi associée à sa maison de famille, dans l'Ain.

Mais ce fin nez me confiait aussi que son amour de l'Asie était inséparable de sa découverte de l'univers olfactif de Singapour. Chacune de ses journées s'ouvrait, au réveil, sur une bouffée d'encens, issue de l'autel du Bouddha, dans la famille qui l'hébergea le premier mois. La chaleur équatoriale qui règne dans cette ville exalte tous les parfums. Il chérit ses autres souvenirs olfactifs de Singapour, associés aux épices, aux petits stands de plein air proposant des mets délicieux pour quelques pièces dans le quartier indien ou le quartier chinois.

Bien que certains ingrédients – encens, cuisine chinoise – se retrouvent dans toute l'Asie, le bouquet de parfums est très spécifique d'un pays ou d'une ville. C'est ainsi que les Vietnamiens affectionnent l'odeur de la papaye verte (d'ailleurs le titre de l'un de leurs films). Les Chinois raffolent de l'odeur matinale du thé de Oolong, effectivement délectable. Il est aussi une odeur, inimitable et très chinoise, associée aux blanchisseries et aux boutiques de nettoyage à sec – toute différente des odeurs de tels établissements en Europe. En revanche, les Chinois ont souvent horreur de notre odeur de lavande, que les Britanniques affectionnent tant (avec celle du patchouli, souvenir de leur occupation coloniale de l'Inde).

Pour moi, l'encens reste la senteur prédominante en Asie, que j'associe au gros brûleur devant le temple Kaminarimon à Tokyo, dans le quartier Asakusa, où les fidèles s'aspergent littéralement des fumées d'encens, en un rite de purification.

L'odeur d'un lieu est un puissant auxiliaire de répérage, psychique autant que géographique. L'ensemble de tels souvenirs personnels est un véritable album de lieux-dits, de toponymes.

Le souvenir d'une odeur est brasillement.

Mais qu'est-ce qu'une odeur ?

Bien que simple, cette question admet plusieurs réponses, suivant le point de vue où on se place.

Le vecteur, l'agent de transmission si l'on préfère, entre un objet odorant (« Jules pue des pieds ») et les narines est une molécule, c'est-à-dire une microscopique miette de matière émise – on verra comment – par les pieds de Jules.

Le comptoir auquel parvient ladite molécule, dans les fosses nasales, comporte un très grand nombre de cases, ou **récepteurs**. Ce comptoir s'apparente à la salle des coffres d'une banque, ou à celle des boîtes postales à la poste, en cela que chaque molécule arrivante se fixe sur son récepteur propre – de même que votre clé ouvre votre coffre ou votre boîte postale uniquement.

Pour poursuivre cette analogie clé serrure, lorsque la clé-molécule entre dans la serrure-récepteur, des transformations chimiques à la queue leu leu s'ensuivent. Elles aboutissent à produire un signal électrique dans un neurone du faisceau innervant les fosses nasales, signal envoyé vers le cerveau ; ce qui nous donne, non seulement la perception, mais aussi l'idée de cette odeur spécifique.

Revenons sur chacun de ces points, afin de les préciser un peu. En fait, les pieds de Jules sont fétides parce qu'ils émettent dans l'air un grand nombre de molécules malodorantes. Pour simplifier, supposons-les toutes constituées d'un composé unique des mêmes atomes, que nous désignerons par C. À un instant donné, Jules peut très bien produire une dizaine ou une centaine de milliers de milliards de ces entités C. Si elles sont suffisamment volatiles, les C envahissent l'air ambiant. Elles migrent de tous côtés, elles diffusent dans l'atmosphère. Un odorat sensible, tel que celui d'un chien, pourra détecter un tout petit nombre de molécules C individuelles – à la limite une seule.

Pour que l'odorat les détecte, encore faut-il que les C – disons un milliard d'entre elles, pour fixer les idées – voyageant dans l'air en tous sens, pénètrent dans les narines, se fassent dissoudre dans le mucus qui en tapisse l'intérieur (la morve en est un autre nom), et accèdent ainsi à ce que j'ai dénommé la salle des coffres. Dans cette dernière, les récepteurs, eux aussi microscopiques, sont en très grand nombre : 220 millions chez le chien et environ cinq millions chez l'homme. Et il en existe *plusieurs milliers de types différents*, un pour chaque molécule odorante (une découverte toute récente sur l'importance de laquelle nous reviendrons). Les C se fixent alors sur un seul type de récepteur, de même qu'une clé ouvre un seul type de serrure.

Résumons : seules les molécules à l'état de gaz, pouvant donc voyager dans l'air, véhiculent des odeurs. Pour être perçue, toute odeur présuppose que ces molécules trouvent un point d'attache au sein des fosses nasales. Qui plus est, cet anneau sera propre à chaque type de molécules, c'est-à-dire à chaque catégorie d'odeur. Ainsi l'odeur du muguet et celle du jasmin ont-elles des récepteurs différents, les notes moléculaires dont elles se composent diffèrent, tout comme une mesure de Mozart et une mesure de Chopin.

Les molécules sont donc les porteuses des odeurs. On doit cependant être conscient d'une asymétrie radicale. Si, multiple dans sa composition, toute odeur naturelle implique de très nombreuses molécules, parce que nous avons appris à associer toute odeur à une chose et à son nom (à cela aussi nous allons venir), une molécule unique évoquera pour nous une odeur naturelle – même lorsque cette molécule ne sera pas une substance naturelle, mais un produit du laboratoire : c'est un leurre.

Ainsi, le méthyl-2-butyrate d'éthyle – désolé, tel est son nom – a une odeur de pomme, l'hexanal une odeur d'herbe fraîchement coupée, alors que ces deux senteurs font intervenir des dizaines de composés divers, dont la liste serait fastidieuse.

Le dernier point à préciser est tout aussi crucial : plusieurs milliers de récepteurs, disais-je. Cela peut faire penser au nombre de caractères – pictogrammes ou idéogrammes, peu importe – du chinois écrit, qu'un Chinois éduqué doit connaître pour pouvoir lire son journal. Et cela suggère que la perception des odeurs pourrait, elle aussi, constituer un langage, lequel servirait à communiquer des informations. Pour anticiper, nous dirons que notre odorat s'inscrit dans le registre de la communication chimique, mise à profit par les organismes les plus divers, depuis les bactéries unicellulaires jusqu'aux abeilles et aux papillons butinant les fleurs, aux saumons retrouvant dans leur migration leur rivière d'origine ou aux chiens de chasse.

Justement, posons-nous la question du ou des rapports entre l'odorat et cette forme de communication qu'est le langage.

Le rapport au langage

Court-circuitant quelque peu des si utiles et gratifiantes années d'apprentissage du chimiste ou du biologiste, l'expérience commune, telle qu'elle s'exprime dans la langue de tous les jours, peut aider à la compréhension. Elle affirme, à juste titre, que nous identifions les personnes à leur odeur ; que chacun d'entre nous arbore une senteur singulière, au rôle de carte d'identité ou de signature.

Mais le verbe « sentir » renferme plusieurs significations.

Une première signification, générique, s'applique aux perceptions sensorielles ou émotives de toutes sortes. On peut certes alléguer que d'autres organes des sens sont eux aussi mis à contribution pour des analogies, tout aussi généralisantes, comme lorsqu'on dit : « Je vois » ou « J'entends » pour exprimer : « Je comprends. » Néanmoins, il sera utile de garder en tête cet attribut curieux du verbe « sentir ».

Dans un autre sens, « sentir » se réfère au seul odorat parmi nos cinq sens. Est-ce l'indice d'une prééminence ? N'est-ce pas à rapprocher de ce que le bébé reconnaît sa mère, et le sein maternel, à son odeur ; et qu'il y a là une expérience primordiale ? Cela interpelle.

(Le verbe est d'ailleurs ambivalent jusque dans sa construction puisqu'on peut aussi bien dire : « Jean sentit une odeur de pomme » – dans le sens de : « Jean perçut une odeur de pomme » – que : « Jean sentait la pomme » – dans le sens de : « Jean exhalait une odeur de pomme. »)

« Celui-là, je ne peux pas le sentir » (ou « Je l'ai dans le nez - je ne peux pas le piffer - je ne peux pas le blairer »). Qu'une telle antipathie emprunte le canal d'une sensation olfactive est révélateur. Le discours raciste pousse la métaphore à son paroxysme, dénonçant la prétendue mauvaise odeur des Maghrébins, des Esquimaux, des Tibétains, des Noirs ou des Javanais : une odeur insupportable devient emblématique d'un rejet psychologique (« un mec puant », pour citer encore un autre avatar de la même expression).

Le premier fait de langue était l'utilisation du verbe « sentir » pour dénoter une perception sensorielle quelconque, le deuxième le transfert du même terme dans le registre de la psychologie. Un troisième fait de langue nous met sur la voie d'un lien entre l'olfaction et la cognition : « être au parfum » ne signifie-t-il pas « être informé, être au courant » ?

Mais revenons à la question posée : les odeurs forment-elles un langage ? On peut chercher à y répondre de deux manières : par la considération de l'aspect matériel, moléculaire des odeurs, lorsqu'elles sont émises, ou par celle de la saisie des données olfactives par le cerveau, après fixation des molécules sur les récepteurs du nez.

Nous l'avons constaté, la plupart des odeurs naturelles sont complexes. L'arôme d'un vin, celui d'une tasse de café recèlent des centaines de composantes chimiques individuelles et toutes différentes. Il n'y a pas à chercher ailleurs la distinction entre deux vins d'un même cru mais élevés sur des terroirs différents. On est donc tenté d'en conclure que les parfums sont comme des mots, dont les senteurs individuelles seraient les syllabes. D'ailleurs, le rôle du **nez** (comme on l'appelle, c'est-à-dire du compositeur d'un parfum inédit) n'est-il pas d'élaborer de tels assemblages de « syllabes » odorantes, assemblages aussi délicats à réussir, aussi singuliers de réalisation, que l'est un poème ?

Autre considération, autre assemblage. Il n'existe pas d'idée pure d'une odeur : toute senteur, une fois perçue et mémorisée, est associée soit à une image mentale, soit plus souvent encore à une expression verbale. C'est ainsi que nous nous disons à nous-mêmes : « Ça sent le brûlé » (un enfant apprend à redouter cette odeur, comme signal d'un risque), « Tiens, je sens une bonne odeur de baguette beurrée au saucisson, je vais me commander ce sandwich », ou encore : « Cette étable pue la chèvre. »

Ces quelques observations élémentaires sur la langue parlée nous permettent de conclure que perception (olfactive) et cognition sont inséparables : toute perception s'accompagne d'une conceptualisation, en étant rapidement associée à une image mentale, verbale ou iconique. Ce que confirme l'anatomie : les neurones olfactifs communiquent avec des parties du cerveau – cortex, hippocampe, amygdale – associées à la mise en mémoire, aux émotions et à la cognition.

Toute odeur est une étincelle, allumeuse de pensée.

Odeurs alimentaires et culinaires

Le nez enrichit le plaisir de se mettre à table, devant une bonne assiette. Il appelle et précède ce plaisir, comme dans la page célèbre de Rabelais où un personnage, planté devant l'échoppe d'un rôtisseur, mange son pain agrémenté du fumet d'un rôti. L'enfant, déjà, apprend à associer odeurs de cuisine et imminence du repas.

Une broche sur laquelle de la viande rôtit n'a pas le monopole des bonnes odeurs de cuisson. M'émeuvent aussi, et je ne suis pas le seul à y être sensible, l'odeur de bon pain et de viennoiserie qui émane d'une boulangerie ; celle du café au lait, prélude à la journée ; celle de la rosette, lorsqu'on coupe en tranches ce fameux saucisson lyonnais ; les belles odeurs des fromages de chez nous, que ce soit camembert, livarot, munster ou pont-l'évêque (et j'en passe).

Mais revenons aux odeurs plus proprement culinaires, dont la seule évocation met l'eau à la bouche. On en connaît à présent l'explication chimique, depuis qu'au début du xxe siècle le Français Maillard la découvrit : les sucres des aliments et les acides aminés, ces derniers résultant de la décomposition de protéines, se combinent à la chaleur de la casserole. Par cette **réaction** chimique, dite **de Maillard**, des composés volatils sont produits ; et sont souvent responsables des délectables effluves qui émanent d'une cuisine.

Il peut également s'agir d'autres composés volatils, produits eux aussi à la chaleur, par les seuls sucres, lors de la caramélisation, qui est une **polymérisation**, c'est-à-dire un assemblage à la queue leu leu de sucres individuels, comme autant de perles sur un chapelet. Est-il besoin d'évoquer la crème caramel ou le pain grillé ?

En règle générale, répétons-le, les arômes de mets appétissants sont, tout comme les parfums, des bouquets de senteurs : tout comme les mots sont faits de syllables et de lettres, les fragrances sont composées de molécules. Tout parfum, tout arôme est un bouquet fait de dizaines, voire de centaines de molécules diverses. Ainsi, dans celui de la truffe, l'androsténone (molécule clé, attracteur sexuel de la truie, nous allons y venir) n'est-elle qu'un ingrédient parmi bien d'autres (une quarantaine, au bas mot). C'est pourquoi cette voluptueuse senteur exige tout un lexique descriptif : s'y mêlent l'odeur de champignons des bois, un relent sucré et capiteux de cacao ou de chocolat, des senteurs d'ail et de fromage, voire de fines herbes.

Mais certaines odeurs alimentaires, à la cuisine, restent simples – relativement simples tout au moins. Dans l'odeur d'un oignon fraîchement coupé, le facteur lacrymogène est un composé baptisé alliine, car on le trouve aussi dans l'ail. Une enzyme, que des chercheurs japonais viennent d'identifier, assure sa production par les cellules de l'oignon. La coupe de l'oignon induit l'apparition d'une seconde enzyme, l'alliinase, qui libère ce composé. Cette enzyme à présent trouvée, rien n'interdit d'user des techniques de l'ingénierie génétique pour ôter à l'oignon son arme chimique, défensive à l'égard de ses prédateurs. Demain, nous trouverons peut-être au supermarché des oignons toujours odorants mais qui ne feront plus pleurer.

Bouquets de senteurs ? Le meilleur exemple pourrait bien être l'arôme des vins. Un côtes-du-rhône est fait de centaines de molécules différentes. Nombreux parmi celles-ci sont des composés qu'on trouve aussi au nombre des parfums des fleurs. Un dégustateur de vins prétend à juste titre y retrouver l'odeur de la groseille, le parfum de la violette ou d'une autre fleur, comme dans cette page du *Chant des cépages romands* de l'écrivain vaudois Maurice Chappaz, à son émotion tout sauf sobre :

«… cette espèce de verte sève veloutée de l'hermitage, la douceur de la malvoisie, le long, long parfum de réséda du riesling, le fumet de pierrailles du johannisberg, la violence, la substance, la sagesse et le relief des dôle charnues et bouquetées. »

Il est aussi des effluves alimentaires moins ragoûtants. Là, tout est affaire d'éducation, ou de culture. Les goûts olfactifs sont appris, comme la langue que nous parlons. D'où un surprenant relativisme culturel : je ne suis pas le seul à adorer une odeur qu'abhorrent la plupart des Anglo-Saxons, le fumet des tripes (ou tripoux). Ce qui est gourmandise ici s'avère repoussante abomination là. Des exemples ?

Le poisson pourri. Le petit peuple romain en faisait son *garum*, un condiment à base de poissons fermentés, à l'odeur forte et à la saveur salée, qui permettait de contourner l'impôt sur le sel. Notre moderne pâte d'anchoix en dérive ; elle n'est pas du goût de tous. De même, les Suédois ont en particulière affection, et c'en est devenu un rite, le hareng de Baltique fermenté. Il s'en dégage une odeur vigoureuse, comparable, aux dires de certains, à celle d'œufs pourris ou d'une fosse d'aisance. Les Suédois mangent ce mets sur des tranches de pain, avec un peu de pommes de terre, d'oignon hâché et d'œuf dur. Les non-Suédois trouvent fréquemment ce mets repoussant.

Mentionnons encore, au nombre de ces goûts très particuliers, non innés et nécessitant toute une éducation, lorsqu'ils ne font pas partie de notre héritage culturel, le *natto* japonais. C'est du soja fermenté. À des Français, il rappelle… autre chose, tant pour l'aspect que pour l'odeur. Pour les Japonais, c'est une gourmandise, comparable un peu à notre tapenade.

Odeurs corporelles

Le nourrisson observe qu'on lui change ses couches. Puis son linge. Plus tard encore, on lui enjoint de laver soigneusement les parties les plus odorantes de son corps. L'enfant devient astreint à des règles de civilité, relatives aux odeurs. L'odorat, comme le langage, fait désormais partie de son éducation à la vie en société. Cette dernière a d'autres tabous.

De nos jours, une pilosité odorante est rapidement considérée comme malodorante. Influence sur nos peuples latins d'une hygiène d'origine nordique et anglo-saxonne ? Effet de l'accroissement démographique et, partant, de la densité de population ? Quoi qu'il en soit, les odeurs corporelles dans les espaces publics incommodent. Après les avoir chassées du bureau, des magasins et des transports en commun, la politesse d'aujourd'hui les relègue à l'intimité du couple, lorsqu'elle ne les en bannit pas purement et simplement. Nous les supprimons, à l'aide de désodorisants variés. Ou nous les masquons sous tel ou tel parfum.

Nous tenons nos odeurs corporelles de l'errance nomade des chasseurs-pêcheurs du paléolithique. Ce n'est que bien plus tard, à partir du début du XXᵉ siècle dans nos pays, que les soins corporels, l'hydrothérapie et l'eau chaude à tous les étages se généralisèrent à l'ensemble de la société.

Si l'on se place du point de vue du biologiste, on peut donc supposer que nos odeurs, même si nous les réprimons avec l'énergie de la pudibonderie, furent fonctionnelles – peut-être même le sont-elles encore. Une fonction aurait été de signalisation, liée à la reproduction : odeur peu plaisante des règles, indiquant une non-fécondité féminine ; odeurs de sexes, attirantes, incitant à l'accouplement, issues des sécrétions vaginales ou du sperme ; odeur de sueur, liée à l'effort physique, abondante chez les adolescents et les jeunes mâles, annonciatrice (dans une perspective de sélection darwinienne) d'un amant viril et vigoureux.

D'autres hypothèses sont moins sociologiques, davantage encore biologiques. La girafe appartient à notre famille animale, celle des mammifères. Les mâles ont des poils malodorants ; à tel point, surtout lorsqu'ils prennent de l'âge, qu'on les sent venir : déjà, d'un quart de kilomètre parfois. « Doukipudonktan ? » Du cou allongé et du dos. La douzaine de composés chimiques responsables, sécrétés sans doute par des glandes de la peau, incluent l'indole et le méthyl-3-indole, aux odeurs pour nous familières : celles d'excréments. Dans quel but ? Comme armement chimique, afin de repousser tiques et autres parasites. Il se pourrait donc que nos odeurs corporelles aient également eu des rôles antipuces (ou -morpions).

La plupart des odeurs corporelles humaines, notons-le, proviennent en fait de commensaux, de colonies bactériennes, qui élisent domicile dans le tube digestif ou les replis de la peau. Ainsi la flore microbienne de l'intestin produit-elle du méthane, responsable des flatulences. On s'en prémunit, dans une certaine mesure, en éliminant au fur et à mesure les selles, où cette flore prolifère. On peut aussi ingérer des poudres, aux pores minuscules, telles que des argiles : elles épongent les gaz intestinaux. La transpiration est dissoute dans l'eau. Un bon lavage avec du savon l'évacue et substitue à son odeur âcre celle d'une peau récurée. L'odeur d'aisselles, en revanche, provient de micro-organismes se nourrissant des sécrétions grasses – donc non solubles dans l'eau – de certaines glandes s'y trouvant. Les déodorants du commerce ont donc un double rôle : dissoudre ces sécrétions et occire les bactéries.

Je ne la sens pas

Restons dans les odeurs corporelles. Même si, comme nous l'avons vu, toute odeur est un bouquet de nombreux composés chimiques différents, certains de ces composés peuvent y prédominer. Ainsi l'odeur d'urine est-elle imputable à l'androsténone, une molécule de la grande famille des stéroïdes, famille dont font aussi partie le cholestérol, la cortisone ou encore la testostérone.

L'espèce humaine n'a pas le monopole de l'androsténone. D'autres animaux la produisent et l'utilisent. Le verrat émet cette molécule pour attirer les truies. Un tel appât est ce qu'on appelle une **phéromone sexuelle**. Or, la truffe émet la même androsténone que le verrat par ses aisselles et testicules. Pour cette raison, les chercheurs de truffes, en Provence ou en Périgord, s'aident de l'odorat d'une truie ou d'un porcelet – ou de celui d'un teckel.

La première leçon de l'androsténone est donc que des organismes très divers font appel aux mêmes molécules pour leur communication chimique. C'est d'autant plus vrai qu'un insecte, la mouche *Suillia gigantea*, est elle aussi attirée par l'odeur de truffe. Elle hante les sols truffiers. Les chercheurs de truffes le savent bien, qui se repèrent sur la présence de ces mouches pour débusquer le précieux champignon.

Chez l'homme, de 30 à 50 % des personnes sont insensibles à l'androsténone, à son odeur d'urine, de même 16 % des personnes sont insensibles à la pyrroline, l'une des composantes de la senteur du sperme. C'est ce qu'on appelle une **anosmie**, équivalent pour l'odorat du daltonisme : ces personnes ne disposent pas des récepteurs appropriés. La génétique des populations explique de tels résultats. Ainsi que la pathologie : la maladie de Wilson, intoxication par le cuivre, produit une anosmie généralisée. Mais on peut se guérir d'une anosmie et se rééduquer à sentir et à discerner une odeur en la flairant de manière répétée. Une expérimentation récente sur l'anosmie à l'androsténone a confirmé que nos deux narines hument en toute indépendance et communiquent chacune séparément leurs impressions olfactives au cerveau. C'est une deuxième leçon de l'androsténone : son odeur peut s'apprendre.

Troisième leçon de l'androsténone : les molécules ont des odeurs différentes, suivant qu'elles sont « de gauche » ou « de droite ». La vaste majorité des molécules dont sont faits et que produisent les organismes (les molécules dites **organiques**), Louis Pasteur le découvrit, appartiennent en effet à deux populations distinctes, gauche ou droite. À l'instar de nos mains, une molécule de la série gauche est l'image dans un miroir d'une molécule de la série droite. Dame Nature emprunte tantôt à une série, tantôt à l'autre, de façon apparemment arbitraire : à la série droite pour les sucres, à la série gauche pour les acides aminés, dont les protéines sont constituées.

On met plus facilement la main droite que la main gauche dans la poche droite de son pantalon. Chacun des récepteurs de l'odorat, dans les narines – comparés à de petits coffres au début de ce livre –, est fait d'une protéine, justement. Ce qui l'apparente à une poche de pantalon : une molécule gauche s'y glisse bien mieux qu'une molécule droite – à moins que ce ne soit le contraire.

Ainsi en va-t-il de l'androsténone. La molécule naturelle s'engage dans son récepteur, comme une clé ouvre un coffre à la banque, disions-nous. En revanche, sa jumelle, son image dans un miroir, qu'on fabrique artificiellement, en est bien incapable. Elle ne se fixe pas sur ce récepteur précis – de fait, elle n'a aucun récepteur. Elle est donc inodore. L'une des deux androsténones pue l'urine (pour les personnes qui la sentent) et l'autre ne sent rien.

Éléfantasques

L'étude des phénomènes olfactifs n'étant encore qu'à ses balbutiements chez l'homme, je vous propose maintenant une incursion chez l'éléphant. L'olfaction est en effet bien mieux élucidée chez cet animal, en liberté, qu'elle ne l'est chez nous.

Pachyderme paisible, l'éléphant est sociable. Y a-t-il une autre raison au choix de cet animal par Jean de Brunhoff pour son personnage de Babar ? L'éléphant vit en groupe – assertion précisée plus loin –, qu'il s'agisse de l'espèce africaine ou du congénère d'Asie. Cela implique l'existence de canaux de communication, ne serait-ce que pour éviter qu'une masse de plusieurs tonnes, lancée à toute allure, n'aplatisse un éléphanteau, ce qui serait préjudiciable à la survie de l'espèce.

Outre leurs barrissements et autres signaux sonores, les éléphants usent aussi de diverses formes de communication chimique. Une première observation surprend : les éléphants utilisent parfois comme phéromones sexuelles les mêmes molécules que des insectes. Ces molécules attirent les mâles vers les femelles, ou l'inverse. Un sexe émet, l'autre reçoit ce signal chimique. En règle générale, un cocktail de plusieurs molécules sert de signature odorante à une espèce animale.

Ce signal chimique, pour l'éléphant d'Asie *Elephas maximus*, comporte au nombre de ses ingrédients la molécule que les chimistes dénomment acétate de (Z)-7-dodécén-1-yle. Pour simplifier, nous la qualifierons d'acétate de trucmuche. Ce dernier se trouve dans l'urine d'un éléphant adulte, mâle ou, à de rares moments, femelle.

Lorsqu'on présente à un mâle des extraits d'urine d'autres mâles, sexuellement matures, sa réponse est d'autant plus enthousiaste que ces échantillons contiennent davantage d'acétate de trucmuche. L'éléphant plonge l'extrémité de sa trompe dans le liquide. Puis il s'en badigeonne le plafond de la gueule. On verra pourquoi.

Céleste, l'épouse de Babar dans les albums de Brunhoff, n'est pas en reste. Si l'éléphante est rarement sexuellement active (son cycle menstruel est de seize semaines, pendant lesquelles sa réceptivité est d'une semaine seulement ; un intervalle de quatre à cinq ans sépare des naissances successives), lorsqu'elle l'est, elle l'affiche : dans les moments précédant l'ovulation, elle excrète dans son urine – vous l'aurez pressenti – de l'acétate de trucmuche. C'est prouvé pour l'éléphant d'Asie, c'est très probable pour l'éléphant d'Afrique *Loxondonta africana.* Babar, ou tout autre mâle entreprenant, attise sa propre ardeur par un petit manège, en tout point semblable au précédent (celui qui vous faisait vous interroger sur une possible homosexualité éléphantine). Il utilise sa trompe pour échantillonner l'urine d'une flaque ou, plus effrontément, pour aller flairer le sexe d'une femelle. Puis il en humecte la partie de sa bouche où résident les récepteurs (détail plus loin).

Cette dégustation fait intervenir toute une chimie. La trompe d'un éléphant mâle contient un mucus. Celui-ci est acide – de même que sont acides jus de citron ou vinaigre. Lorsque l'urine vient au contact du mucus, elle s'en trouve donc acidifiée. Cette acidification sert à libérer l'acétate de trucmuche, lié qu'il était dans l'urine à une protéine produite par l'organisme de Céleste, une protéine transporteuse de phéromone.

Mais la trompe de Babar contient, dans ce même mucus, des protéines, aptes elles aussi à fixer l'acétate de trucmuche – même dans les conditions plus acides prévalant dans ce mucus. Cependant, le rôle de ces protéines n'est pas seulement d'attraper les molécules d'acétate de trucmuche, mais aussi de les relarguer très lentement. Babar pourra ainsi savourer à loisir l'information des bonnes dispositions de Céleste à son égard.

C'est le lieu d'une parenthèse, pour revenir du conte pour enfants à l'histoire naturelle, à de l'authentique biologie. Les éléphants femelles adultes vivent en groupe, en un troupeau matriarcal composé d'une femelle dominante entourée de ses enfants et petits-enfants, en plusieurs générations coexistantes. Les mâles adultes sont, soit des solitaires, soit des bandes de mâles se déplaçant ensemble, en dehors des périodes d'accouplement.

L'éléphant mâle a chaque année une période d'excitation sexuelle, durant laquelle son sang, son urine et la sécrétion de ses glandes temporales sont riches en testostérone. Cela le rend agressif. Il s'efforce de dominer tous les autres mâles du voisinage, même plus gros ou plus costauds. Parmi ces mâles, certains s'écartent d'un tel éléphant en rut ; j'y reviendrai. Les femelles semblent préférer la compagnie des mâles en rut.

Et pourtant, Céleste, devant le comportement de Babar décrit plus haut, flairant son urine ou ses parties génitales, maugrée, vous l'avez sans doute deviné : « Doukipudoktan ? » Un éléphant en rut annonce en effet sa présence de la manière la plus malodorante qui soit. À en croire le grand spécialiste mondial, le Dr Rasmussen, sa puanteur équivaut à ce que dégageraient un bon millier de boucs lubriques. Elle lui vient de sécrétions des glandes temporales susmentionnées, augmentées de composés chimiques présents dans les urines. Ces odeurs sont riches en composés de la famille chimique des cétones. Qui plus est, ces émanations malodorantes ne sont pas les mêmes suivant que la bête est en phase pré-rut, rut, ou post-rut.

Les éléphanteaux mâles, sexuellement immatures, ne sécrètent pas de cétones, mais d'autres composés chimiques, des acides et des **esters** (composés chimiques issus de l'union d'un acide et d'un alcool, et plus volatils que ceux-ci), aux odeurs moins agressives. Il émane d'eux, à ce qu'on dit, une senteur comparable à celle du miel ! Le message chimique est reçu 10 sur 10 de part et d'autre : les jeunes éléphants mâles se tirent de là, vite fait bien fait, pour ne pas risquer d'être écrasés par la charge d'un mâle en manque de femelle. Ce dernier, de son côté, évite de chercher noise à un ou des jeunes qui, manifestement, ne sont pas des rivaux.

Un appendice devenu inutile

Complément du nez chez de nombreux mammifères, dont l'éléphant, l'**organe voméronasal** abrite les récepteurs des phéromones sexuelles. Il se trouve à la base antérieure de la cavité nasale, avec la forme d'une paire de cigares. Sa face concave, une muqueuse sensible, porte des récepteurs, similaires aux récepteurs olfactifs du nez et connectés, par des neurones, à la région caudale du bulbe olfactif dans le cerveau. Cet organe est déjà fonctionnel chez l'éléphanteau.

Chez l'homme, par contre, cet organe n'est qu'un vestige. On peut certes l'observer au microscope durant le développement de l'embryon. Mais, dès la naissance, cet organe n'a plus d'existence réelle : si certains adultes montrent bien la présence d'une cavité voméronasale, à la base de la partie la plus antérieure du septum nasal, il y manque le système de pompage caractéristique tel qu'on le trouve chez d'autres mammifères. Lorsqu'on examine les cellules de l'épithélium de cette cavité voméronasale, elles sont dépourvues de toute innervation qui les ferait communiquer avec le cerveau. L'espèce humaine a perdu cet organe.

Pourquoi n'est-il plus fonctionnel chez l'homme ? On ne connaît pas la réponse à cette question. Je serais tenté de penser que l'atrophie de cet organe provient de ce que sa fonction est assurée autrement chez l'homme. La communication verbale n'est-elle pas, au nombre des moyens de séduction, l'un des plus efficaces ? On pourrait donc être tenté d'impliquer ainsi l'hominisation, venue mettre une sourdine à une partie, non négligeable, de l'appareil sensoriel d'olfaction dont les mammifères sont pourvus.

Est-ce à dire qu'hommes et femmes ne diffusent pas d'odeurs, qui leur serviraient d'attracteurs sexuels ?

Phéromones humaines ?

La réponse paraît indubitable. Oui, à l'instar des éléphants et de bien d'autres animaux, l'espèce humaine communique par les odeurs. Ce domaine scientifique reste très mystérieux quant aux mécanismes mis en œuvre dans l'organisme. Néanmoins, les faits sont parlants.

Ainsi de ce que l'on appelle l'« effet dortoir » : Martha McClintock découvrit en 1971 la synchronisation des règles dans des communautés de femmes (pensionnats, prisons, carmels, etc.) par l'expérimentation suivante. Les sécrétions d'aisselles de femmes sont d'abord recueillies. Puis on les applique sur la lèvre supérieure d'autres femmes. Les cycles des réceptrices se synchronisent alors avec ceux des donneuses. Lorsque les extraits sont flairés par les réceptrices juste avant leur ovulation, celle-ci s'en trouve avancée et leur cycle menstruel raccourci d'autant. Si le transfert intervient un peu plus tard, lors de l'ovulation des donneuses cette fois, celle des réceptrices est retardée, et leur cycle s'en trouve allongé.

Lorsqu'une expérience analogue est menée avec des extraits d'aisselles d'hommes, appliqués sur la lèvre supérieure de femmes aux cycles anormalement courts (moins de 26 jours) ou longs (plus de 33 jours), on observe une régularisation. Au bout de trois mois de ce traitement, les cycles s'alignent sur la durée optimale de 29 jours et demi.

Enfin – dernière observation dont je ferai état –, lorsque des donneuses sont à la fois hétérosexuelles et sexuellement actives, les extraits de leurs aisselles s'avèrent aphrodisiaques : en découle un comportement sexuel plus actif (fréquence des rapports, nombre de nuits passées avec un partenaire, etc.) des réceptrices.

Les parfums

« Doukipudonktan ? » Dans le roman de Queneau, la réponse donnée à Zazie est que son oncle Gabriel, avant de se produire en spectacle comme travesti, se parfume copieusement de Barbouze de chez Fior. Notre vie sexuelle, comme on vient de le voir, est réglée par des messages chimiques. Il ne surprendra donc pas que nous usions, comme attracteurs sexuels d'appoint, des mêmes molécules que les plantes pour attirer les insectes pollinisateurs.

Qu'est-ce donc qu'un parfum ? Prenons un exemple, celui d'Anaïs Anaïs (Cacharel). Le « nez » l'ayant composé lui a donné une tonalité d'ensemble florale. Le **thème principal** – le vocabulaire est celui de la musique, la composition en est tout aussi raffinée dans ses harmonies que celle d'un concerto ou d'une symphonie – est une senteur de muguet. Des thèmes secondaires sont un caractère légèrement poudré, à l'évaporation du parfum, provenant de composantes à base de bois de santal et de vétiver ; l'odeur du jasmin ; des notes de fleurs blanches (tubéreuse, ylang-ylang), augmentées d'un peu d'odeurs de rose, d'orris et d'héliotrope. La **note haute** – donnée par les molécules les plus volatiles du mélange, celles qui s'évaporent le plus vite – vient de la bergamote, avec un peu de pêche et d'ananas, coopérant à une odeur fraîche d'herbe ou de feuilles vertes.

Le jasmin est au nombre des fragrances dans ce parfum commercial. Quelles sont donc les molécules responsables d'une odeur de jasmin ? L'essence qu'on recueille par distillation des fleurs ne compte pas moins de trois centaines de constituants. Citons, parmi les plus importants – il m'est impossible de ne pas donner leurs appellations chimiques –, l'alcool benzylique, l'acétate de benzyle, un ester, et la cis-jasmone, une cétone. Ces trois molécules offrent la partie fruitée de l'odeur du jasmin. Sa tonalité florale lui vient de la présence, surtout, d'alcools dénommés farnésol et linalool. Mais cette senteur du jasmin s'enrichit aussi d'un aspect enivrant et capiteux : il lui vient d'un fond, qualifié par les spécialistes de « narcotique », issu de composés aux odeurs carrément animales, musquées, provenant de la présence d'une molécule azotée, l'indole, et d'un autre ester, l'anthranilate de méthyle.

J'ai choisi Anaïs Anaïs pour illustrer la composition d'un parfum. Puis le jasmin me servit d'exemple de fragrance florale, l'un des ingrédients dans cette riche élaboration qu'est un parfum. Poursuivons cette même démarche, du plus complexe vers le plus simple. Focalisons-nous à présent sur une seule des composantes de l'odeur du jasmin, le linalool. Son suffixe *-ol* indique un membre de la famille chimique des alcools. Le champion du monde des parfums, le N° 5 de

Chanel – ses ventes aux seuls États-Unis totalisaient cinquante millions d'euros en 2001 –, contient aussi du linalool. D'où vient-il ? C'est le composant majeur (86 %) de l'huile essentielle, c'est-à-dire du liquide odorant produit par la distillation du bois de rose, un arbre d'Amazonie. Il faut abattre cinquante arbres pour obtenir une seule tonne de cette huile. En conséquence de son utilisation en parfumerie, cette espèce végétale est menacée. Mais on envisage d'isoler plutôt le linalool de l'essence de basilic. Sa teneur (30 %) y est certes moindre, mais le basilic se cultive.

Ernest Beaux fut le « nez » qui conçut, en 1922, le N° 5 de Chanel, dont les principaux ingrédients sont les essences de jasmin et de tubéreuse. Beaux fut un innovateur hardi. Il introduisit en parfumerie, avec le même N° 5, la note grasse associée à la famille chimique des aldéhydes (aux noms ayant des suffixes en *-al*, le citral est l'un des composés responsables de l'odeur de citron). Beaux osa aussi introduire délibérément dans le N° 5 – et fit ainsi œuvre de pionnier en parfumerie – des substances malodorantes, issues en particulier de la civette. Cet animal éloigne ses prédateurs par de telles armes chimiques. Leur introduction, en très faible quantité, relève l'attrait d'un parfum.

Conclusion

« Doukipudonktan ? » Le néologisme de Queneau ouvre tant d'horizons ! Certaines des questions que soulève l'odorat sont obsédantes, bien qu'on en ignore encore la réponse.

Existe-t-il un code universel des odeurs ? Que des fleurs, des insectes et des éléphants réagissent aux mêmes molécules est troublant. Est-ce seulement fortuit ? Qu'une mouche et le porc fassent de même interpelle aussi. Les fleurs attirent les insectes pollinisateurs au moyen des mêmes molécules dont nous goûtons la présence dans l'arôme d'un vin, et dont nous faisons aussi nos eaux de toilette et parfums. Tout cela témoigne d'une parcimonie de la part des organismes dans le choix de leurs messagers chimiques.

Parcimonie paradoxale puisque, comme on l'a vu, une odeur, un parfum ou un vin sont en règle générale des formulations aux constituants innombrables.

Nous sommes conduits par nos appétits animaux, des plus grossiers aux plus raffinés. C'est ce qu'exploite une lucrative industrie du luxe, qu'il s'agisse d'épices ou de parfums, de gastronomie ou d'œnologie : notre odorat nous mène par le bout du nez.

Son acquisition dès le plus jeune âge donne au langage des odeurs son intense pouvoir de conviction. Aussi pouvons-nous être soit manipulés, soit éduqués *via* l'odorat. Ce choix incombe à chacun de nous.

Bibliographie

Raymond Queneau, *Zazie dans le métro*, Gallimard, coll. « Folio », n°103, 1959.

Patrick Süskind, *Le Parfum*, Le Livre de poche, 1988 (trad. Bernard Lortholary). Le roman picaresque des aventures, au XVIIIe siècle, du dénommé Grenouille, un garçon au talent singulier.

Gustav Sobin, *Fruit de glace*, éditions de l'Aube, coll. « Regards croisés », 2002. Un roman lyrique : odeur de la truffe et absence lancinante de la bien-aimée.

Élisabeth Barillé et Catherine Laroze, *Le Livre du parfum*, Flammarion, coll. « Connaisseurs », 1995. Un beau livre illustré, une bonne introduction au sujet.

Pierre Laszlo et Sylvie Rivière, *Les Sciences du parfum*, PUF, coll. « Que sais-je ? », 1997.

Pierre Laszlo, « L'odeur de terre » et « L'eau de rose », dans *Terre & Eau, Air & Feu*, coll. « Histoires de sciences », Le Pommier, 2000.

Annick Le Guérer, *Les Pouvoirs de l'odeur*, Odile Jacob, 2002. Une démythification des odeurs au travers de leur histoire.

Danielle Musset et Claudine Fabre-Vassas (dir.), *Odeurs et parfums.* Congrès national des sociétés historiques et scientifiques, Nice, 26-31 octobre 1996. Éditions du Comité des travaux historiques et scientifiques, 1999.

Robert Dulau et Jean-Robert Pitte (dir.), *Géographie des odeurs*, L'Harmattan, coll. « Géographie et cultures », 1998.

Table des matières

Doukipudonktan ?	5
Traits distinctifs de l'odorat	7
L'odeur d'un lieu	11
Mais qu'est-ce qu'une odeur ?	15
Le rapport au langage	21
Odeurs alimentaires et culinaires	27
Odeurs corporelles	33
Je ne la sens pas	37
Éléfantasques	41
Un appendice devenu inutile	49
Phéromones humaines ?	51
Les parfums	53
Conclusion	59
Bibliographie	61

n°17. *Faut-il allaiter son enfant ?*
Louis-Marie Houdebine
n°18. *Pourquoi la nuit est-elle noire ?*
Jean-Michel Alimi
n°19. *Le singe est-il le frère de l'homme ?* Pascal Picq
n°20. *Hommes, femmes, sexuellement compatibles ?*
Lucien Chaby
n°21. *D'où vient la vie ?* Marie-Christine Maurel
n°22. *Les odeurs nous parlent-elles ?* Pierre Laszlo
n°23. *Doit-on croire au big bang ?* Alain Bouquet
n°24. *Qu'est-ce qu'une goutte d'eau ?* David Quéré

Achevé d'imprimer sur rotative par l'imprimerie Darantiere
à Dijon-Quetigny en janvier 2003
N° éditeur : 0117-01/1 - dépôt légal : janvier 2003 - n° d'impression : 22-1582

Imprimé en France